PREPARACIÓN Y AYUDA PARA EL NUEVO CURSO (12)

ÍNDICE DE LA SERIE

4 : “MATEMÁTICAS SIN FÓRMULAS: Entendiendo los conceptos antes de usar los símbolos”

5 : “MATEMÁTICAS: Visión y repaso general; Derivadas; Ecuaciones diferenciales y métodos de solución; Aplicación : `El oscilador armónico´”

6 : TEORÍA DE LA RELATIVIDAD

7 : “TEORÍA CUÁNTICA: Comprensión y explicación del átomo y la Tabla Periódica de los elementos”

8 : FÍSICA DE PARTÍCULAS

9 : GRAVEDAD CUÁNTICA

10 : SUPERCUERDAS Y TEORÍA M

11 : MOLÉCULAS ORGÁNICAS, GENÉTICA Y BIOLOGÍA MOLECULAR

12 : TEORÍA CUÁNTICA (2): SIGNIFICADO DE LA “FUNCIÓN DE ONDA”

13 : CEREBRO Y REALIDAD

14 : EL UNIVERSO COMO UN COMPUTADOR CUÁNTICO

15 : FISIOLOGÍA: El cuerpo humano

12: TEORÍA CUÁNTICA (2): SIGNIFICADO DE LA "FUNCIÓN DE ONDA"

¿Qué representa la "función de onda"?

Ahora estamos en condiciones de saber por qué aparece la fórmula: pq – qp = 2 π i (relación mecano cuántica fundamental) en la teoría matricial de Heisenberg. Multiplicamos el operador momento por la coordenada. Ahora invertimos el orden de los factores y hallamos la diferencia. Obtenemos la relación mecano cuántica fundamental. Las matrices de Heisenberg correspondientes al momento y a las coordenadas contienen en forma de tabla los posibles valores permitidos que resultan al aplicar los correspondientes operadores. La aplicación sucesiva de los dos operadores equivale a aplicar la matriz producto a la función de onda. El orden de aplicación de los operadores afecta al resultado, al igual que el orden de multiplicación de las matrices. Dar la matriz de una magnitud física en teoría cuántica equivale a dar el operador. Por decirlo así Heisenberg, basándose en los datos que salían de los espectros atómicos halló los valores que podían tomar las variables básicas colocados en forma de tabla (matriz), y Schrödinger encontró la regla que originaba esos valores, partiendo de la idea de De Broglie, de asociar una onda al electrón (cuando De Broglie lanzó la idea no se tenía muy claro si el electrón era una onda, o la onda era como un piloto que de alguna manera guiaba la trayectoria del electrón). Parece que originalmente Schrödinger quiso concebir el electrón mismo como una onda totalmente, pero esta interpretación no se pudo sostener, porque de haber sido así, la localización del electrón-onda se esparciría en una región cada vez más amplia en un tiempo breve, y esto no se podía reconciliar con el hecho observado de que el electrón es detectado como un impacto localizado en las pantallas detectoras en una región muy pequeña. La única forma de mantener la idea de las ondas y reconciliarla con el impacto localizado, es concebir el electrón como un "paquete de ondas", y no una sola onda. En la física de las ondas se pueden sumar ondas de manera que en una pequeña región del espacio se consiga algo así como una concentración máxima de intensidad, lo que habitualmente se llama un "paquete de ondas", pero para ello se requiere sumar los efectos de muchas ondas de diferentes frecuencias; cuanto más "localizado" queramos que esté un electrón construido de esa manera más ondas tenemos que sumar. Según la relación de De Broglie muchas frecuencias distintas significan muchos valores distintos del "momento", de modo que si el electrón tiene una posición muy definida no se le podrá asignar un único valor de la variable "momento lineal"; pero eso no es sino otra forma de ser conducidos directamente al principio de incertidumbre de Heisenberg. Si queremos mucha precisión en la "posición" tenemos que renunciar a precisión en el "momento". De modo que el principio de incertidumbre no se puede evitar en ninguna de las dos formulaciones, por lo que más bien parece que sale reforzado, y hay que tomarlo como una ley de la naturaleza, una auténtica norma de comportamiento del mundo en su nivel más fundamental.

Al hacer sus formulaciones Heisenberg y Dirac, en principio renunciaron a hacer una imagen del átomo; tuvieron la intuición de que quizá no se debería forjar una especie de imagen visualizable de un dominio que cae más allá de nuestro sentido de la vista. La formulación de Schrödinger, al principio pareció que iba a mostrar que las cosas se podrían explicar con el mismo tipo de ondas de la física clásica. Parece que eso fue lo que pensaron Schrödinger y otros físicos: las tablas numéricas (matrices) eran explicadas por la concepción ondulatoria; parecía que Schrödinger había resuelto el misterio y había dado una explicación intuitiva de la razón del éxito de las reglas halladas por Heisenberg. Pero la cosa no resultó tan sencilla.. Las "ondas" de Schrödinger resultaron ser en realidad un tipo muy extraño de ondas: solo se podían considerar como una onda en el espacio tridimensional, en el caso de una sola partícula; y para poder captar este concepto al final resulta que los enfoques originales de Heisenberg y Dirac son muy útiles. En realidad parece que la mejor manera de captar el significado de la teoría cuántica es considerar ambos enfoques y la relación entre ellos.

Parece que la motivación original de Schrödinger para desarrollar las ideas de De Broglie sobre las "ondas de materia", era intentar encontrar un modelo del movimiento del electrón, en el interior del átomo y fuera de él, que no supusiese una ruptura con la física clásica; sin embargo, y a pesar de sus deseos, las "ondas" descritas por su ecuación (tanto la ecuación independiente del tiempo para ondas estacionarias en el interior del átomo, como la dependiente del tiempo para el electrón libre), no resultaron ser como las ondas familiares que se propagan por el espacio tridimensional, por ejemplo las ondas sonoras, las ondas que se forman en un estanque de agua cuando algún objeto cae sobre él, y otras similares.

Schrödinger expresó su descontento diciendo que si él hubiese sabido que no nos íbamos a poder librar de esos "malditos saltos cuánticos", no hubiera querido tener nada que ver con el asunto, y usó la "metáfora" de un gato encerrado, cuya "función de onda" incluía un estado de superposición cuántica: " $\frac{1}{2}$ gato vivo + $\frac{1}{2}$ gato muerto" que se ha hecho famosa, para ilustrar lo absurdo que parecía pensar que la "función de onda", describía a un gato que está vivo y muerto a la vez, hasta que se decida abrir el recinto donde está, y se le ***observe*** en uno de los dos estados.

Desde entonces el "gato de Schrödinger" se ha usado en muchas discusiones sobre el significado de la teoría cuántica, llegando a aparecer en muchos lugares ecuaciones como esta:

$$\text{GATO} = \frac{1}{\sqrt{2}} \text{ vivo - muerto}$$

hasta el punto de que Stephen Hawking y Roger Penrose, en uno de estos debates sugirieron usar otras “ilustraciones”, y dejar en paz al “gato”, que ya había sufrido bastante.

¿Por qué las “ondas de Schrödinger” no son como las ondas familiares que se propagan en el espacio tridimensional?

Cuando se considera el caso de una sola partícula, se podría tal vez pensar que es así, pero en el momento en que se considera un sistema de dos o más partículas, se comprende enseguida que no es posible dar ese significado a la función de onda.

Las partículas cuánticas son indistinguibles en un sentido profundo; para conocer la posición en que se hallan dos o más electrones (o cualquier otro sistema de partículas), hay que “iluminarlo”, por ejemplo con luz, que consiste en fotones que interactúan con el sistema; si queremos seguir lo mejor que podamos la evolución posterior del sistema habrá que hacer una segunda observación, y después otra y otra, etc.

Pero en la segunda observación, debido a que los electrones son indistinguibles, no podemos saber cuál, de cada uno de ellos, se corresponde con los que hemos detectado en la primera observación; en el caso más simple de un sistema de solo dos electrones, es como si hiciéramos un experimento con dos "gemelos idénticos", llamémosles Pepito y Juanito; hacemos una primera observación y Pepito está en la posición 1 y Juanito en la 2; en el instante en el que pestañeamos, Pepito y Juanito son lo bastante rápidos como para moverse, uno a la posición 3 y otro a la 4, pero debido a que son "gemelos idénticos", cuando nuestras pestañas se levantan y de nuevo "observamos o vemos" no sabemos si Pepito es el que está en la posición 3 y Juanito en la 4, o si Juanito es el que está en la 3 y Pepito en la 4, de modo que nos vemos obligados a admitir que la única manera de describir el conocimiento que nos brinda la observación, es decir que las dos situaciones alternativas son igualmente probables, con $\frac{1}{2}$ de probabilidad para cada una; por supuesto en el ejemplo de "Pepito y Juanito", nos imaginamos, debido a la forma en que estamos acostumbrados a pensar en los objetos y personas del mundo macroscópico, como entidades que "están siempre ahí aunque no las observemos", que la situación descrita se podría evitar si no pestañeamos; pero en el caso de las partículas submicroscópicas es en principio imposible hacer un ***seguimiento continuo*** de ellas; no se trata de una limitación experimental sino de una ley de la naturaleza expresada en las fórmulas matemáticas del principio de incertidumbre de Heisenberg; la mecánica cuántica, tal como se entiende hasta ahora, nos dice que no es que nosotros no podamos seguir la supuesta trayectoria continua de un electrón, sino que tal "trayectoria continua" no existe; si existiera, el electrón en un átomo podría seguir tal trayectoria y precipitarse en espiral hacia el núcleo; para hacerlo tendría que ir pasando por un rango continuo de valores de energía decrecientes, pero tal rango continuo de valores no está permitido por la fórmula fundamental E = h v, que nos dice que los valores posibles para la energía están cuantizados y son múltiplos de la constante h; este hecho apareció en la fórmula que explicaba la densidad de energía que aparecía en los experimentos para la radiación de cuerpo negro, sirvió para explicar correctamente el efecto fotoeléctrico y teniéndola en cuenta, el modelo atómico de Bohr podía evitar la predicción del electromagnetismo clásico, según el cual los electrones en el modelo del átomo nuclear de Rutherford, se precipitarían contra el núcleo y el átomo colapsaría.

Por este motivo cuando la teoría cuántica describe la evolución temporal de un sistema de muchas partículas, tiene que tomar en cuenta que las partículas son indistinguibles en un sentido profundo, como un principio fundamental de la teoría que debe ser incluido en la formulación matemática; esto imbrica a las supuestas "partículas individuales" de tal manera, que hay que describir el sistema por medio de una ***única función de onda***, que incluye todas las permutaciones posibles de ellas, con una determinada probabilidad para cada posible ordenación, como se ilustra en el ejemplo de los "gemelos idénticos".

Esto nos muestra que el objeto matemático al que llamamos "función de onda" en la teoría cuántica, es algo diferente de las fórmulas que describen una onda familiar que se propaga en el espacio tridimensional, aunque guarde relación con esas otras descripciones matemáticas más sencillas.

La "función de onda" es por tanto una superposición en la que se "suman" todos los posibles estados alternativos en que podríamos hallar al sistema en la siguiente medición, y nos permite calcular la probabilidad para cada alternativa; recibe por eso también el nombre de "vector de estado"; si volvemos a pensar en el ejemplo de los "gemelos idénticos", recordamos que teníamos que describir la situación como una suma de dos posibles alternativas, y en cada una de ellas la "posición" de cada niño se especifica dando las coordenadas de posición de cada uno de ellos, (3 números para cada entidad, en uno de los posibles estados, y otros 3 números para cada entidad en el otro estado posible); un matemático nos diría que ese "objeto" ("función de onda" o "vector de estado") no está evolucionando en el espacio tridimensional, no hay bastantes "dimensiones" en él; más bien parece que tal "objeto matemático", "vive" y se "desenvuelve" en algo parecido a lo que se llama un "espacio de configuración" (una entidad matemática que contiene todas las posibles configuraciones en que se puede hallar un sistema), o un "espacio de las fases", un "espacio matemático" que contiene todas las fases de un proceso o todas las fases por las que pasa un sistema determinado.

Tales "espacios matemáticos" se usan en física clásica y se usaban ya antes del descubrimiento de la teoría cuántica; describir el movimiento de un cuerpo extenso, que tiene muchas partes, por medio del movimiento de un solo "punto", es una simplificación que se hace por conveniencia; de igual manera, para describir un sistema de muchos cuerpos, podemos invertir las cosas, y en lugar de definir el movimiento de N cuerpos, requiriendo 3 números para dar las coordenadas de posición de cada uno, podemos describir el sistema entero como un "punto" que se mueve o evoluciona en un "espacio matemático" de 3N dimensiones. Se pueden requerir más dimensiones si hay que especificar todos los grados de libertad posibles en el sistema considerado.

De manera semejante, y por las razones que hemos comentado, las "funciones de onda" o "vectores de estado" de la mecánica cuántica evolucionan en el llamado "espacio de Hilbert ∞ - dimensional", una entidad matemática que tiene estructura de "espacio vectorial", lo que significa que tiene las mismas propiedades fundamentales, desde el punto de vista matemático, que los vectores tridimensionales que nos son familiares, pero pasando del espacio tridimensional a un "espacio matemático" de infinitas dimensiones.

Además la estructura que toma la ecuación de Schrödinger incluye la unidad imaginaria "i = $\sqrt{-1}$ ", y pertenece al dominio de los números complejos; debido a esto, para calcular la "probabilidad" de un resultado determinado, hay que multiplicar la función de onda por su conjugada compleja (la misma función, pero cambiada de signo), a fin de obtener un número real positivo comprendido entre 0 y 1, como exige el cálculo de probabilidades.

El hecho mencionado antes de que las "partículas individuales" estén tan imbricadas en la "función de onda", conduce a fenómenos sumamente paradójicos del tipo EPR (nombrados así debido a que fueron expuestos por primera vez por Einstein, Podolsky y Rosen), como el "entrelazamiento": si, por ejemplo, un sistema de dos fotones está descrito por una función de onda, y esta evoluciona de tal modo que los dos fotones se separan a gran distancia, la función de onda los mantiene vinculados, de modo que si se mide alguna propiedad de uno de los fotones, automáticamente se obtiene información sobre el estado del otro, incluso aunque se haya ido al otro extremo del Universo; debido a que el experimentador puede decidir qué tipo de experimento hacer y qué medir, parece como si el fotón que se encuentra a años-luz de distancia "supiese" automáticamente la decisión que ha tomado el experimentador y su resultado, y actuase en consecuencia, de modo que si otro experimentador le midiese a él, obtendría el resultado que la función de onda del sistema requiere; acerca de las "partículas cuánticas" se puede decir que "una vez juntas, siempre juntas"; es semejante al tipo de comportamiento misterioso que se percibe en el famoso experimento de la doble rendija, donde se hace que interfieran las ondas de luz que salen de cada rendija, de modo que en la pantalla colocada enfrente aparece un patrón de franjas iluminadas alternándose con franjas oscuras, debido a la interferencia, que pone de manifiesto el carácter ondulatorio de la luz; pero cuando el experimento se realiza rebajando la intensidad luminosa a solamente "un fotón", se detecta un impacto localizado en la pantalla; si seguimos enviando un fotón tras otro, con las dos rendijas abiertas, al final el conjunto de impactos puntuales de cada fotón individual reproduce el patrón de franjas de interferencia; parece como si cada "fotón", al que imaginamos pasando por una de las dos rendijas, "supiese" si la otra rendija está abierta o cerrada, y actuase en consecuencia, impactando en cualquier punto de la pantalla si solo hay una rendija abierta, pero impactando solo en las zonas que corresponden a las franjas iluminadas, si están abiertas las dos.

¿ Qué parecen decirnos la Relatividad y la Teoría Cuántica sobre la naturaleza de la realidad?

Cuando Paul Dirac formuló una ecuación para el electrón, que tenía en cuenta los principios de la mecánica cuántica y también los de la relatividad especial, además de predecir la existencia de antipartículas, que después fueron halladas, se esclarecieron aspectos muy importantes de la mecánica cuántica, como el del "espín" del electrón y su relación con el "principio de exclusión" de Pauli.

Las investigaciones que intentan hacer lo mismo con la Relatividad General, para encontrar una teoría correcta de Gravedad cuántica, condujeron, entre otras muchas cosas, al planteamiento del llamado "principio holográfico", que surgió en el estudio de la entropía del "agujero negro", y que sugiere que la información sobre los fenómenos físicos que acontecen en un volumen tridimensional, puede estar codificada en la superficie bidimensional que le rodea, tal como un holograma realizado con láser, codifica en una placa fotográfica bidimensional, la información necesaria para "reconstruir" una imagen tridimensional.

Esta idea y otras parecen sugerir que el elemento constituyente fundamental del Universo no es otra cosa que "la información", y se habla del Universo como un gran computador cuántico que procesa información.

> El comprender cómo funciona esto podría ayudar a esclarecer muchos de los misterios de la teoría cuántica de los que hemos hablado.

El “espín” se consideró originalmente un auténtico giro del electrón en torno a su eje en dos sentidos distintos, lo que le dotaba de un momento magnético adicional, que explicaría un desdoblamiento observado de los niveles de energía en presencia de un campo magnético intenso. Pero a la luz de lo que venimos explicando el electrón se empezaba a parecer más a un conjunto de valores numéricos llamados “observables”, que resultan de nuestras posibilidades de medición, que a una cosa u objeto, en el sentido habitual de la palabra; lo que en realidad se quiere decir es que lo que llamamos “electrón” no es algo así como una pequeña bolita girando en torno al núcleo atómico.

Pero la propiedad de originar dos líneas espectrales de diferente energía sigue ahí, y requiere una explicación. En el espíritu del planteamiento algebraico abstracto, el que está más en la línea de Heisenberg y Dirac, empezaremos simplemente admitiendo que el electrón tiene un momento angular intrínseco y lo incluiremos en las ecuaciones de la teoría. Para ser consistentes usaremos una fórmula similar a la que se usa en teoría cuántica para el momento angular orbital (2L + 1); para el “espín” (mantenemos el nombre) pondremos (2S + 1); recordamos que esa fórmula sirve para calcular el número de posibles orientaciones según el valor de L. En el caso del espín del electrón, la experiencia dice que solo hay dos posibilidades, por lo que el valor obligado que tenemos que asignar a S es ½, y las dos orientaciones posibles son +1/2 y -1/2, medido en las unidades en que se mide el momento angular en teoría cuántica: h/2π. Como a toda cantidad susceptible de medición en teoría cuántica, le asignamos un operador, el operador de espín; cuando este operador actúa genera los dos posibles valores del espín; el operador se puede expresar también como una matriz.

Las llamadas "matrices de espín" de Pauli se aplican a la función de onda de coordenadas. Cuando incluimos el espín, la función de onda de coordenadas por lo tanto se desdobla en dos (por cada estado posible de coordenadas hay dos posibles estados de espín). La función de onda total consta pues de dos componentes

A ese objeto matemático se le llama espinor; ahora podemos entender que el valor de espín se refleja en el número de componentes y estructura del espinor. Como se verá, en la teoría aparecen otras "particulas" con otros valores de espín como 1 y 2 y 3/2, y los espinores que las representan lógicamente varían en el número de componentes, y en su comportamiento frente a las rotaciones. Una partícula de espín ½ volverá a su estado original después de dos vueltas de 360º; una de espín 1 lo hará en una sola vuelta y una de espín 2, volverá a tener el mismo aspecto después de solo media vuelta. Esa estructura del campo cuántico influye decisivamente en su comportamiento.

La naturaleza matemática de la teoría cuántica, y la necesidad de usar el cálculo de probabilidades, se pone de manifiesto aún más cuando consideramos sistemas de dos o más "partículas". Consideremos el siguiente experimento: tenemos dos dispositivos que pueden lanzar electrones individuales, y a cierta distancia tenemos dos aparatos detectores; imaginemos que tenemos dos fuentes o emisores, cada uno de los cuales emite una partícula (por ejemplo un electrón), y a cierta distancia colocamos dos detectores. Después de ser emitidos cada electrón entra en uno de los detectores; pueden ocurrir dos cosas: o bien el electrón del emisor 1 entra en el detector 1 y el del emisor 2 en el detector 2, o bien el electrón del emisor 1 entra en el detector 2 y el del emisor 2 entra en el detector 1. El problema es que los dos electrones son idénticos, con las mismas propiedades. Todos los electrones del Universo tienen la misma masa y la misma carga; son totalmente indistinguibles, de modo que no hay manera de saber qué electrón ha ido a cada detector. De hecho no importa, porque el resultado físico será el mismo, aunque puede ocurrir de dos maneras distintas. Sin embargo este hecho debe tenerse en cuenta al calcular la probabilidad. La probabilidad de que detectemos un electrón en cada detector será una combinación de la probabilidad de cada una de las maneras en que puede ocurrir el proceso. Tal como la función de onda de una sola partícula, permite calcular la probabilidad de encontrar la partícula en determinado lugar, a la expresión matemática que permite calcular la probabilidad de detectar dos partículas, se le llama también "función de onda" del sistema de dos partículas. Estas ideas a su vez se pueden generalizar a sistemas con más partículas. . Un proceso puede ocurrir de dos maneras distintas, totalmente indistinguibles. En un verdadero cálculo de probabilidades hay que incluir en el cálculo del resultado final todas las posibilidades. Para que se cumpla el principio de exclusión de Pauli, al que obedecen partículas como los electrones (pues de otra manera no sería posible explicar la tabla periódica, como ya dijimos), el proceso intercambiado tiene que alterar el signo. Por el contrario otro tipo de "partículas" como los fotones no obedecen este principio: los fotones no forman átomos escalonándose en diferentes niveles de energía, como hacen los electrones; más bien forman ondas y campos electromagnéticos, y en una región donde la onda es más intensa decimos que se han concentrado un mayor número de fotones (cuantos de energía electromagnética) individuales. Para que pueda haber "partículas" (funciones de onda), que no se anulen al fundirse en una, las funciones de onda individuales se deben sumar; solo así se logra que no se anule la función resultante, aunque haya dos "partículas" con los mismos números cuánticos. Y lo contrario también es cierto en el caso de los electrones: para que se cumpla el principio de exclusión, las funciones de onda individuales de dos "partículas" se deben restar, porque es la única manera de que se anule la función de onda resultante cuando hay dos "partículas" con los mismos números cuánticos, lo que indica que la probabilidad de tales estados para un sistema de electrones es cero, o sea no puede existir; en un sistema de dos o más electrones todos tienen que estar en diferentes estados de energía (números cuánticos distintos), para que se cumpla el principio de exclusión y el arreglo estructural necesario para explicar la tabla periódica sea posible. Como vemos que en la naturaleza se dan las dos situaciones, ya que existen átomos de materia y también campos y ondas electromagnéticos (además de otros), la teoría cuántica debe incluir las dos posibilidades. El proceso intercambiado se puede considerar geométricamente como un "giro" del sistema de coordenadas, que puede cambiar el signo de la función de onda o dejarlo invariable; podemos decir que al hacer el intercambio la onda resulta multiplicada por un factor de fase constante; La probabilidad no resulta afectada, porque se calcula a partir de la amplitud y no de la fase. El único requisito que se exige al factor de fase es que la "onda" vuelva a su estado original si se hace otra vez el intercambio. Eso reduce las posibilidades para el valor del factor de fase a + 1 y - 1

Llegamos a entender también como a partir de estas leyes tan fundamentales de la física subatómica emergen los dos conceptos que nos son tan familiares en la física clásica, en nuestra concepción del mundo cotidiano que experimentamos, el concepto de "partícula" y el de "onda". En este sentido se podría considerar la teoría cuántica como un avance más en nuestro entendimiento de lo que es el "mundo", tal como se dijo de la teoría de la relatividad. Las dos nos permiten entender mejor como surgen en nuestra mente los conceptos de "espacio", "tiempo", "materia", "campo", "posición", "trayectoria", "partícula", "onda", las ideas que conforman nuestra concepción esencial del mundo.

Interpretaciones de la teoría cuántica

Desde un principio se propusieron interpretaciones de la mecánica cuántica; ya hemos visto que Luis De Broglie sugirió que el electrón era una partícula real, cuyo movimiento era dirigido de alguna manera por una onda (teoría de la onda piloto); Einstein propuso que la incertidumbre cuántica tal vez solo lo era al nivel que se había llegado a estudiar, pero que a un nivel más profundo podían existir variables no descubiertas o variables ocultas, que regían el comportamiento de las partículas atómicas de una manera completamente determinista; Bohr, por el contrario defendía que no había que buscar más, había que considerar el mundo atómico como distinto al mundo de la física clásica; como argumentaba Heisenberg, carecía de sentido intentar visualizar ese nivel de realidad, porque pudiera no ser visualizable, al ser más bien el conjunto de leyes y reglas matemáticas que da origen a nuestro nivel de realidad, nuestro mundo clásico perceptible; antes de hacer una medida con algún aparato detector, para conocer la posición de un electrón, este tenía que ser descrito por la función de onda, como una onda extendiéndose, pero una vez que el electrón era detectado en un lugar específico, había que considerar que la "onda desaparecía", pues nunca se la consideró una onda real, sino solo un instrumento de cálculo, un indicador de nuestro desconocimiento de la posición del electrón, que desaparecía en el momento en que dicha posición era detectada y por tanto conocida (de hecho se consideraba que la "posición del electrón" no existía, pues no se manifestaba en nuestro mundo de percepciones, hasta que era medida); esto se conoce como "colapso de la función de onda" (colapso que se produce en el momento de la medida), y a esta interpretación se la llamó "la interpretación de Copenhague", por el físico Niels Bohr. Predominó durante décadas y aún sigue siendo una de las interpretaciones que se consideran; pero desde un principio no satisfizo a todos, y hubo físicos que siguieron investigando sobre otras posibles interpretaciones; en la interpretación de Copenhague, si no podemos decir que la "posición del electrón", o el "electrón en un sitio", existen hasta que no son medidas, entonces hay que entender que antes de eso, lo que existe es una superposición de posibilidades, de todos los posibles lugares en los que puede ser hallado el electrón, posibilidades englobadas en la función de onda; pero las leyes cuánticas se deben aplicar igual a sistemas con más de un electrón; por ejemplo, un sistema de dos electrones tendrá que ser descrito por una única función de onda que incluya todas las posibles configuraciones en las que se podría hallar el sistema al ser observado, y tales configuraciones deben incluir no solo sus posibles posiciones, sino también otras variables como por ejemplo los espines, y de hecho todas las características del sistema estudiado; y por lo dicho antes habría que describir igual un sistema formado por miles o millones de átomos y moléculas, hasta incluso un organismo vivo; para poner de relieve lo paradójico que es esto, Schrödinger ideó un experimento mental: en un recinto o una caja cerrada hay un gato, y un dispositivo con un elemento radiactivo que tiene cierta probabilidad de desintegrarse espontáneamente; si se desintegra, el dispositivo está preparado para que accione un martillo que golpeará y romperá un recipiente que contiene un veneno que matará al gato: aplicando las reglas cuánticas de acuerdo con la interpretación de Copenhague, el sistema entero debe ser descrito por una "función de onda" que incluya todas las posibilidades, y hasta que no destapemos la caja y observemos si el gato está vivo o muerto, la única descripción del sistema que podemos hacer, es que se encuentra en una superposición de todas las posibilidades: el gato está vivo y muerto a la vez; el hecho de que sea el acto de observación el que haga que se reduzcan todas las posibilidades que coexisten, a una sola, llevó a algunos a pensar que podría ser la mente, al hacer una observación consciente, la que causa el colapso de la función de onda; con el tiempo fue posible reducir tanto la intensidad de la luz, que el experimento de la doble rendija se podía hacer enviando un solo fotón cada vez, fotón a fotón, y se puso de relieve, no solo la validez de la teoría cuántica, sino también lo paradójica que efectivamente es; cuando las dos rendijas están abiertas un fotón impacta en un punto de la pantalla detectora y pensamos que ha pasado por una sola de las rendijas; a medida que seguimos lanzando fotones estos van impactando en lugares específicos, pero no en otros, de forma que al final se forma el característico patrón de interferencia de franjas iluminadas y oscuras alternándose; ¿significa esto que cada fotón pasa por las dos rendijas a la vez e interfiere consigo mismo?; si se colocan detectores para saber por cual rendija pasa el fotón, entonces se observa que solo pasa por una, pero entonces ya no aparece al final el patrón de interferencia; al colocar un detector en la rendija, este interacciona con el fotón y altera el resultado final; parece que la teoría cuántica tiene una fuerte naturaleza holística: cuando se monta un dispositivo para hacer un experimento determinado, todo el montaje tiene que ser descrito por una determinada función de onda, pero si añadimos o cambiamos algo ya se trata de otro experimento diferente, que habrá que describir por una función de onda distinta, y el resultado será distinto; el hecho de que, lo que consideramos diferentes partes de un sistema, estén tan imbricados en la función de onda, hace que mantengan una especie de vínculo permanente que da lugar al fenómeno conocido como entrelazamiento cuántico, que fue indicado por Einstein, Podolsky y Rosen, y que se ha confirmado experimentalmente; En general no se duda de la validez de las leyes de la teoría cuántica, confirmadas por los experimentos, aunque se sigue buscando más comprensión; hay problemas sin resolver en física y nuevos descubrimientos podrían revelar aspectos que hasta ahora se desconocen; se han propuesto interpretaciones alternativas a la interpretación de Copenhague; Hugg Everett propuso considerar la función de onda como algo real, y no solo como un artificio de cálculo; de acuerdo con esto todas las posibilidades para un sistema, contenidas en la función de onda, se realizan; cuando se hace un experimento el observador debe ser incluido en la función de onda como parte del sistema, y por tanto también se encuentra en un estado de superposición; cuando se hace una medición u observación, por ejemplo en el experimento de la doble rendija fotón a fotón, cada "fotón" efectivamente interfiere consigo mismo; está en un estado de superposición en el que está a la vez en todos los lugares y estados de su función de onda; pero también todos los elementos del dispositivo, la pantalla detectora y el observador están en un estado de superposición que contiene todas las posibilidades, y todas se realizan: hay un observador que detecta un fotón en un punto de la pantalla, y otros que lo detectan en otros puntos; todos los estados en los que podría encontrarse un observador coexisten, como si fueran observadores que perciben cosas distintas en "universos" ligeramente distintos, pero por definición, cada observador solo es consciente de sí mismo y de su montaje experimental, sus resultados, sus percepciones y su universo; es como si cada uno estuviese en una frecuencia distinta, como cuando las ondas de diferente frecuencia de telecomunicaciones pueden coexistir sin apenas afectarse unas a otras; solo en situaciones muy particulares, como en los experimentos prístinos de laboratorio se perciben fenómenos de interferencia entre universos; es la teoría de los universos paralelos de la mecánica cuántica; de acuerdo con ella, en el experimento del gato de Schrödinger, o en cualquier otro, el universo se ramifica; en una de las ramas el gato está vivo y en otra está muerto. Por extravagante que parezca muchos piensan que esta interpretación permite comprender los fenómenos cuánticos mejor que cuando se miran bajo el prisma de la interpretación de Copenhague. Además , cuando se siguen estudiando las consecuencias de tomarla en serio, va emergiendo una comprensión mayor; si seguimos adelante, en un sistema macroscópico hay que tener en cuenta también su interacción con el entorno; por ejemplo, cada uno de nosotros no existe como una entidad aislada; estamos rodeados de otros seres y otras cosas e inmersos en un entorno o ambiente de miles de millones de moléculas; para hallar la función de onda de ese gran sistema, con nosotros incluidos, hay que sumar una cantidad inmensa de ondas que se afectan unas a otras; el resultado es que, si antes de hacer la suma hubiera en alguna parte ondas coherentes, con un orden muy particular, manteniéndose en fase, su interacción con el entorno hará que pierdan la coherencia; se harán decoherentes y no mostrarán indicios de interferencia como los que se ven en el experimento de la doble rendija; eso explicaría que en nuestro mundo cotidiano no veamos fenómenos de interferencia cuántica, y se comporte en general en acuerdo con la física clásica; la decoherencia podría aportar aclaración adicional sobre por qué los universos paralelos no se perciben unos a otros: si en una situación o experimento determinado tenemos una superposición de estados descrita por una sola función de onda, cuando incluimos la interacción con el entorno, debido a que en general los entornos (o sus partes) serán distintos, y también los diversos estados que forman la superposición son ligeramente distintos, el resultado de la interacción serán dos (o más) funciones de onda diferentes; así, se considera que la decoherencia, aunque no elimina los universos paralelos, los separa de tal modo que no se perciben entre sí; también se está considerando que la decoherencia deshaga, por decirlo así, la configuración de muchos sistemas, y solo permita que sobrevivan aquellos que tengan un buen encaje entre sus diferentes partes y con sus entornos; esta idea se conoce como darwinismo cuántico, y su principal proponente, Wojciech Zurek, ha sugerido vagamente que tal vez guarde relación con el darwinismo biológico (quizá sea la raíz del encaje correcto de los seres vivos con su entorno, y el encaje correcto empiece a nivel cuántico); si estas ideas fueran ciertas tal vez se explicarían muchas cosas: Julian Barbour cuando considera las moléculas complejas y su correcta ordenación, indica que la teoría cuántica tiene el potencial de explicar su existencia, pues esas configuraciones están ya ahí de antemano, en la gran superposición de todas las posibilidades; si unimos esto con los estudios de Zurek, se eliminan la mayor parte de las posibles configuraciones por no encajar bien entre sí, ni en ningún entorno, y sobreviven solo los sistemas de encaje correcto; se eliminarían los universos paralelos salvo uno tal vez, pero seguirían existiendo a niveles microscópicos explicando así los fenómenos cuánticos; creo que alguien ha dicho que esto satisfaría tanto a Bohr como a Einstein (¿y a Everett?).

Parecería que el “darwinismo cuántico” de Zurek, va un paso más allá de la decoherencia, ya que podría explicar, no solo que una superposición de estados cuánticos se haga tan distinta al interaccionar los estados con entornos diferentes, de modo que se produzca un “colapso aparente”, sino que de hecho podría ser un proceso físico que conduce a un colapso real de la función de onda a un solo estado, sobreviviendo solo los estados cuánticos que tienen un encaje idóneo con el ambiente con el que interactúan, y esto podría explicar muchas cosas o prácticamente todo, resolver el problema de la medida en teoría cuántica, el problema del origen de la información del ADN y de todo el aparato celular necesario simultáneamente para ser operativo: en la teoría cuántica todas las alternativas posibles están ya ahí presentes, incluidas todas las ordenaciones posibles de bases en el ADN, y de aminoácidos en las proteínas etc., pero solo sobreviven las que tienen un encaje idóneo para que no se autoliquiden por no ser funcionales u operativas, un encaje idóneo que tiene que existir con su entorno, de hecho con todo el Universo, formando una unidad holística donde toda pieza tiene que encajar.

www.ingramcontent.com/pod-product-compliance
Lightning Source LLC
LaVergne TN
LVHW101934220826
846093LV00009B/463